野外土壤描述与采样手册
Manual for Soil Description and Sampling

张甘霖 李德成 主编

科学出版社

北京

内 容 简 介

本书是一本服务于土壤野外调查的工具书，全书共分五个部分，包括野外装备清单、剖面位置描述、成土条件描述、形态特征描述、采样与分析方法。

本书主要适用于土壤学教学和土壤调查、分类、制图以及评价等基础和应用研究，可供从事土壤、农业、环境、生态、土地资源管理和自然地理等研究、教学和管理等相关人员参考。

图书在版编目（CIP）数据

野外土壤描述与采样手册/张甘霖，李德成主编.
—北京：科学出版社，2022.6
（中国土系志）
ISBN 978-7-03-050133-2

Ⅰ.①野… Ⅱ.①张… ②李… Ⅲ.①野外－土壤调查－规范－中国 Ⅳ.①S159.2-65

中国版本图书馆 CIP 数据核字（2016）第 241175 号

责任编辑：周　丹 / 责任校对：郑金红
责任印制：师艳茹 / 封面设计：许　瑞

科学出版社 出版
北京东黄城根北街 16 号
邮政编码：100717
http://www.sciencep.com

中国科学院印刷厂 印刷
科学出版社发行　各地新华书店经销

*

2022 年 6 月第 一 版　开本：890×1240　1/32
2022 年 10 月第二次印刷　印张：3
字数：80 000

定价：169.00 元
（如有印装质量问题，我社负责调换）

《野外土壤描述与采样手册》编委会

主　编　张甘霖　李德成

编　委　王秋兵　卢　瑛　吴克宁

　　　　杨金玲　张凤荣　张杨珠

　　　　郧文聚　赵玉国　袁大刚

　　　　章明奎　黄　标

顾　问　龚子同　杜国华

致谢：本手册编撰过程中得到参与国家科技基础性工作专项"我国土系调查与《中国土系志》编制"多位专家的大力支持和帮助，谨此一并致谢！

前　言

野外土壤描述和样品采集是土壤科学研究和土壤调查制图的基础。本手册用于指导野外土壤描述和样品采集。

经过土壤科学工作者长期辛勤的工作，在土壤描述和样品采集方法上已有较多成果，但我国尚缺野外便携易用的专门手册。为此，基于保证土壤信息数据库的规范性、科学性、全面性和实用性，本手册在参考国内外已有的野外土壤描述和样品采集文献的基础上编撰而成。

本手册力求简易，因此文中的部分标准、概念、术语或定义等经过了一定的精减处理。为避免可能的误解，建议必要时可通过查阅相关的原始文献以了解其更为准确和详细的信息。

本手册由国家科技基础性工作专项"我国土系调查与《中国土系志》编制"（2008FY110600）和"我国土系调查与《中国土系志》（中西部卷）编制（2014FY110200）"资助。

目　　录

前言

第一部分　野外装备清单 ·················· 1

第二部分　剖面位置描述 ·················· 3

　一、剖面所在地 ·························· 3

　二、剖面编号 ···························· 3

　三、剖面位置确定原则 ···················· 3

　四、探坑挖掘 ···························· 3

　五、剖面观察和记录基本步骤 ·············· 4

　六、土壤名称 ···························· 5

　七、天气状况 ···························· 6

　八、调查日期 ···························· 6

　九、调查者单位与姓名 ···················· 6

第三部分　成土条件描述 ·················· 7

　一、土壤温度与水分状况 ·················· 7

　　（一）土壤温度状况 ···················· 7

　　（二）土壤水分状况 ···················· 8

　　（三）永久和季节性冻层发生的深度 ······ 9

　二、地形与部位 ·························· 9

　　（一）地形 ···························· 9

　　（二）部位 ··························· 11

　　（三）坡度或比降 ····················· 13

　　（四）坡形 ··························· 13

　　（五）坡向 ··························· 14

　三、成土母质与母岩 ····················· 14

四、有效（或疏松）土层厚度 ·················· 15
五、土地利用现状 ································ 16
　（一）土地利用分类 ·························· 16
　（二）植被类型 ································ 18
　（三）人类影响 ································ 19
六、地表特征 ······································ 19
　（一）侵蚀状况 ································ 19
　（二）岩石出露 ································ 21
　（三）地表粗碎块 ····························· 21
　（四）地表黏闭/板结 ························· 22
　（五）地表盐斑 ································ 23
　（六）地表裂隙 ································ 24
七、水文状况 ······································ 25

第四部分　形态特征描述 ···················· 29
一、诊断层 ·· 29
二、诊断特性 ······································ 30
三、发生层及其符号表达 ······················ 31
四、发生层特性及其符号表达 ··············· 32
五、发生层边界 ···································· 34
六、土壤颜色 ······································ 35
七、土壤干湿状况 ································ 36
八、植物根系 ······································ 36
九、细土颗粒分级与质地 ······················ 37
十、土壤结构 ······································ 39
十一、土体内岩石和矿物碎屑 ··············· 43
十二、土壤孔隙 ···································· 45
十三、土壤结持性 ································ 46
十四、土体内裂隙 ································ 49

十五、新生体 ··· 49
   （一）斑纹 ·· 50
   （二）胶膜 ·· 51
   （三）矿质瘤状结核 ···································· 53
十六、磐层胶结与紧实状况 ································ 55
十七、填充物 ·· 57
十八、侵入体 ·· 58
十九、滑擦面 ·· 58
二十、土壤动物 ··· 59
二十一、土壤反应 ·· 60
二十二、野外速测项目 ······································ 61

第五部分 采样与分析方法 ································ 62
  一、发生层土样的采集 ···································· 62
  二、分析项目与方法 ······································· 63
  三、土壤原状样品的采集 ································ 64
  四、纸盒土样的采集 ······································· 65
   （一）材料和工具 ······································· 66
   （二）土壤样块部位的选择 ·························· 66
   （三）样品采集 ·· 66
  五、土壤整段模式标本的采集 ························· 67

参考文献 ··· 69
附录1 土壤剖面描述记载表 ······························· 70
附录2 主要土纲发生层的符号表达 ······················ 77
附录3 野外单个土体描述格式 ···························· 81

第一部分 野外装备清单

图件类：土壤图、地形图、地质图、土地利用现状图、交通图、行政区划图等。

文本类：土壤调查手册、调查记录表、土壤分类检索、比色卡（中国标准土壤比色卡或其他 Munsell 土壤比色卡）、调查方案文本。

设备类：数码摄像机、数码相机、GPS（可测经纬度、海拔和坡向）、无人机等。

工具类：挖掘土壤剖面的工具（锹、锨、镐、工兵铲）、土钻、塑料簸箕、塑料水桶（盆）、喷水壶、背包、工具箱及内容物：剖面尺、剖面刀（$\geqslant 3$ 把）、地质锤、环刀/环刀托（$\geqslant 6$ 个/2 个）、放大镜（$\geqslant \times 10$）、剪刀等。

仪器类：温度计、便携式 pH 仪、电导仪、养分速测仪等。

耗材类：棉质或塑料土袋、缩微标本盒、记录表、橡皮筋、记号笔、铅笔、胶带纸、标签、滤纸等。

劳保类：太阳帽、太阳镜、雨伞、雨靴、雨衣、手套、常用药品、防晒霜、创可贴、卫生纸和饮用水等。

试剂类：

50mL 塑料烧杯：1 个，用于湿润土壤和观察土壤反应。

10%稀盐酸试剂：50～100mL 细颈瓶，检测石灰反应，估计碳酸钙相当含量，判别石灰性。

铁氰化钾或 α, α'-联吡啶或邻菲罗啉试剂：50～

100mL 细颈瓶,检测亚铁反应,反映潜育特征。

混合指示剂:50~100mL 细颈瓶,检测酸碱性。

酚酞试剂:50~100mL 细颈瓶,检测酸碱性,判别碱积层[①]。

1mol/L NaF(pH7.5)试剂:50~100mL 细颈瓶,滴加土壤,用于野外鉴定无定形物质(水铝英石、氧化铁、硅),并作为鉴定灰化淀积 B 层的辅助指标。

[①] 混合指示剂/酚酞试剂与 10%稀盐酸试剂不能混放在同一工具箱内。

第二部分　剖面位置描述

一、剖面所在地

格式：省（直辖市、自治区）-市-区（县）-乡镇-村-组-地块/户主名。

拍摄调查点：东、南、西、北四个方向的景观照片（注意重点拍摄能代表该剖面成土环境的宏观照片）。注明调查点与周边永久性或重要地物之间的方位关系，可画出示意图。

经纬度/海拔：首选专业 GPS，手机 GPS 软件可备用。

二、剖面编号

依据调查目的自行编号。

三、剖面位置确定原则

选择的位置在所处观察区域内要具有代表性。

选择人为干扰少的地段，尽量避开居民点、交通道路、沟渠边、堆肥点或废弃物堆放点等易受人为干扰的地段。

四、探坑挖掘

土壤剖面观察面应朝着阳光照射的方向。

土壤剖面尺度为 1.2m（剖面宽）×（1.2～2）m（剖面深，如遇岩石，则露出岩石 10cm）×（2～4）m（纵向长，以便于作业和剖面照片拍摄）。图 2-1 为标准土壤剖面探坑示意图。

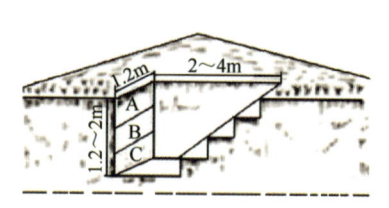

图 2-1　标准土壤剖面探坑示意图

剖面上方应避免人员走动或放置物品，以防止土壤压实、观察面坍塌或土壤物质发生位移而干扰观察、拍照和采样。

挖出的表土和心底土应分开堆放于土坑的左右两侧，观察完成后按土层原次序回填。

五、剖面观察和记录基本步骤

土壤剖面挖好后，观察面左边 1/4～1/3 宽度用剖面刀自上而下修成自然面，其余部分用平头铲修成光滑面（图 2-2）。

图 2-2　标准土壤剖面

自上而下垂直放置和固定好帆布标尺，剖面摄影时镜头尽可能与观察面垂直（为此摄影者可能需要下蹲或者匍匐于地面进行拍摄）。拍摄的照片包括全剖面、各层次局部特写、特征结构或新生体特写。如阳光不能正射整个观察面，可遮挡阳光，避免剖面照片出现阴阳交错。

土壤发生层次划分依据如下：

（1）视觉特征，包括颜色、根系、砾石、锈纹锈斑-结核-胶膜等新生体差异、土壤结构体类型和大小、砖瓦和陶瓷等人造物或侵入体的差异、石灰反应强弱、亚铁反应强弱。

（2）触觉特征，包括土壤质地、土体和土壤结构体的坚硬度或松紧度、土壤干湿情况的差异等。

可用剖面刀划出土壤各层次，并进行逐层逐项观察和记载。

观察记录时，不仅要看观察面，还应看左右的两个侧面，以了解土层变异；利用道路或沟渠形成的自然断面时，还要注意观察沿线的全程断面，以便了解土壤特征的变幅情况。

六、土壤名称

记录土壤分类名称，可参考《中国土壤系统分类检索（第三版）》（详细至亚类）[1]或《中国土壤分类系统》[2]。

---

[1] 亚类名称参阅：中国科学院南京土壤研究所土壤系统分类课题组，中国土壤系统分类课题研究协作组. 2001. 中国土壤系统分类检索（第三版）. 合肥：中国科学技术大学出版社

[2] 全国土壤普查办公室. 1998. 中国土壤. 北京：中国农业出版社

七、天气状况

表 2-1 天气状况分类

编码	天气情况	编码	天气情况
SU	晴或极少云 Sunny/Clear	RA	雨 Rain
PC	部分云 Partly Cloudy	SL	雨夹雪或冰雹 Sleet
OV	阴 Overcast	SN	雪 Snow

八、调查日期

格式：年-月-日，如 2013-05-09。

九、调查者单位与姓名

第三部分 成土条件描述

一、土壤温度与水分状况

土壤温度是指土表下50cm深度或浅于50cm的石质或准石质接触面的年均土壤温度，可用实测数据，或用与年均气温的关系以及与海拔和经纬度的关系推导出的数据[①②]。

土壤水分状况需综合考虑观察点的土地利用类型、所处气候区域、地形部位、剖面形态特征和计算出的干燥度确定（表3-1）。

表3-1 土壤温度和水分状况分类

温度		水分	
编码	名称	编码	名称
PE	永冻	AM	干旱
GE	寒冻	UsM	半干润
CR	寒性	UdM	湿润
FR	冷性	PUdM	常湿润
ME	温性	ST	滞水
TH	热性	AST	人为滞水
HT	高热	AM	潮湿
		PAM	常潮湿

（一）土壤温度状况

永冻：土温常年≤0℃。

---

① 龚子同，等.1999.中国土壤系统分类：理论·方法·实践.北京：科学出版社

② 张慧智.2008.中国土壤温度空间预测与表征研究.南京：中国科学院南京土壤研究所

寒冻：年均土温≤0℃，个别年份或月份可能>0℃。

寒性：0℃<年均土温<9℃，夏季平均土温<13℃（存在有机物质表层，如枯枝落叶层、泥炭层、草毡层），或<16℃（无有机物质表层）。

冷性：0℃<年均土温<9℃，但夏季平均土温高于寒性的夏季平均土温。

温性：9℃≤年均土温<16℃。

热性：16℃≤年均土温<23℃。

高热：年均土温≥23℃。

（二）土壤水分状况

干旱：年干燥度≥3.5，新疆、甘肃、内蒙古西北的干旱地区。

半干润：年干燥度1~3.5，西藏、内蒙古东部、黄土高原、华北平原。

湿润：年干燥度<1，但每月干燥度不一定都小于1，大致为秦岭—黄河以南地区。

常湿润：年干燥度<1，几乎每月干燥度也小于1，一般指海拔较高的山区，常年空气湿度较大（多云雾）。

滞水：0~2m土体内，因土体内具有水分下渗限制层次而导致土体水分长时间饱和。

人为滞水：特指由于人为灌溉耕种引起的滞水，主要指种植水稻形成的特殊水分状况。

潮湿：一年中由于地下水上下迁移会形成间歇性的水饱和现象，一般发生在地势平坦地区，如冲积平原、河谷和沟谷沿岸。

常潮湿：地下水始终位于或接近地表（如潮汐地、封闭洼地）。

（三）永久和季节性冻层发生的深度

永久冻层：土表至 200cm 深度范围内土温常年 ≤0℃的土层。

季节性冻层：土表至 200cm 深度范围内土温一段时间内 ≤0℃的土层。

需记录冻层发生的深度、起止时间、持续天数。

二、地形与部位

（一）地形

地形指地表面高低起伏的自然形态，大、中地形一般根据区域宏观地貌类型确定，小地形及其以下依据野外观察确定。

地势和地形的分类描述如表 3-2～表 3-7 所示。

表 3-2 地势分类

编码	描述	坡度/(°)	比降/%
F	平坦	0～0.5	0～0.3
A	较平坦（近平坦）	0.5～2	0.3～1.2
G	略起伏（平缓起伏）	2～5	1.2～2.9
U	起伏（起伏）	5～10	2.9～5.7
R	波状起伏（明显起伏）	10～15	5.7～8.5
H	丘陵（微度/强度起伏）	15～30	8.5～16.7
S	陡峭切割（中等高程范围）	≥30	≥16.7

表 3-3 大地形分类

编码	名称	海拔/m	相对高差/m
MO	山地	≥500	>100
HI	丘陵	100～500	100～200
PL	平原		
PT	高原		
BA	盆地		

表 3-4　中地形分类

编码	名称	描述
AP	冲积平原	
CP	海岸（海积）平原	
LP	湖成平原	
PE	山麓平原	
DF	洪积扇	
VO	火山	
DU	沙丘	
DT	三角洲	
TF	河滩/潮滩	
PY	干荒盆地	
LH	低丘	相对高差<200m
HH	高丘	相对高差 200～500m
LM	低山	绝对高程 500～800m
MM	中山	绝对高程 800～3000m
OM	高山	绝对高程≥3000m
PL	台地	

表 3-5　小地形分类

编码	名称	编码	名称
IF	河间地	CO	珊瑚礁
VA	沟谷地	CA	火山口
VF	谷底	DE	洼地
CH	河道	DU	沙丘
LE	河堤	LD	纵向沙丘
TE	阶地	ID	沙丘间洼地
FP	泛滥平原	SL	坡
LA	潟湖	RI	山脊
PA	盘状凹地	BR	滩脊

表 3-6 微地形分类

编码	名称	描述
LE	非微地形	地表（几乎）水平
GI	挤压微地形	泛指的
GL	低挤压微地形	高差 10m 以内，<20cm
GM	中挤压微地形	高差 10m 以内，20~40cm
GH	高挤压微地形	高差 10m 以内，≥40cm
TN	白蚁或蚁土墩	
AT	动物足迹	
AB	动物穴	
HU	波状地	泛指的
HL	低波状地	高差<20cm
HM	中波状地	高差 20~40cm
HH	高波状地	高差≥40cm
SS	流沙	
TS	小土滑阶坎	
RI	波纹	

表 3-7 特殊地形分类

编码	名称	类型
KA	岩溶地形	岩溶山地、丘陵、盆地、峰丛、峰林
RB	红层地形	丹霞地形、单面山等
LO	黄土地形	塬、梁、峁、川、掌
EO	风成地形	风蚀城堡、风蚀雅丹地形、风积沙丘

（二）部位

部位分类见表 3-8。

表 3-8 部位分类

山地丘陵岗地等起伏地形		平原或平坦地形	
编码	名称	编码	名称
CR	顶部	IN	高阶地（洪-冲积平原）
UP	上坡	LO	低阶地（河流冲积平原）
MS	中坡	RB	河漫滩
LS	下坡	BOl	底部（排水线）
BOf	坡麓（底部）		

地形位置见图 3-1。

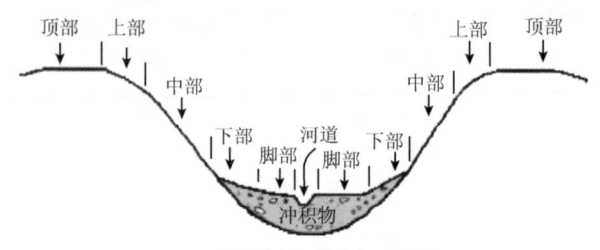

(a) 地形位置二维空间示意图
沟谷地中母质：冲积物+外来堆积物+原位剥蚀堆积物

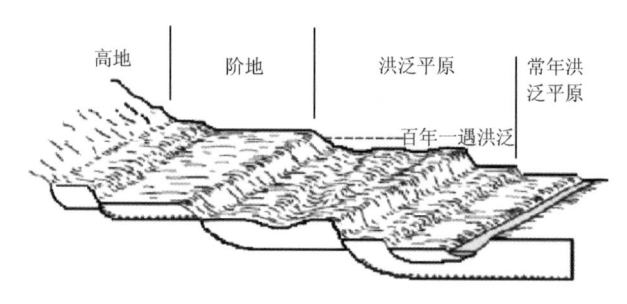

(b) 地形位置三维示意图

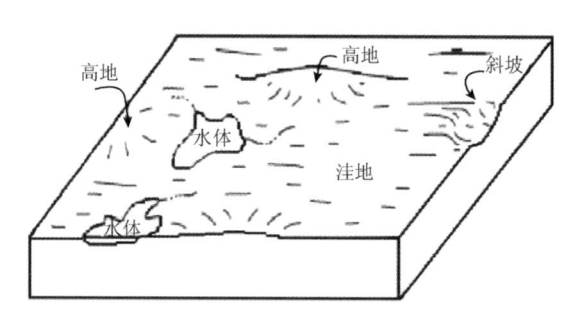

(c) 地形位置三维示意图

图 3-1　地形位置

（三）坡度或比降

坡度指调查样点所在坡面的坡度均值，坡度分级见表 3-9。

表 3-9　坡度分级

编码	坡度/(°)	名称
Ⅰ	≤2	平地
Ⅱ	2～5	微坡
Ⅲ	5～8	缓坡
Ⅳ	8～15	中缓坡
Ⅴ	15～25	中坡
Ⅵ	25～35	陡坡
Ⅶ	≥35	极陡坡

注：坡度分级参见中华人民共和国水利行业标准《土壤侵蚀分类分级标准》（SL190—1996）。

（四）坡形

坡形指采样点所在坡面的形态，分类见表 3-10。

表 3-10　坡形分类

坡形	直线形	凸形	凹形	阶梯形	复合形（不规则形）
编码	L	V	C	T	X

坡形和表面径流方向见图 3-2。

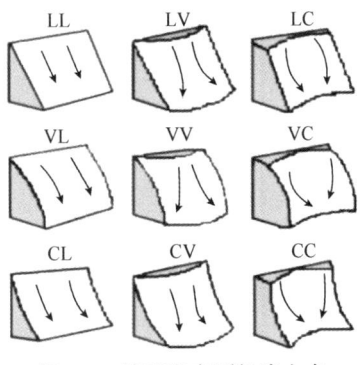

图 3-2　坡形和表面径流方向

（五）坡向

坡向指调查样点所在坡面的总体坡向，分类见表 3-11。也可用 GPS 获取具体的坡向数据。

表 3-11　坡向分类

编码	坡向	编码	坡向
E	东 East	W	西 West
SE	东南 Southeast	NE	西北 Northwest
S	南 South	N	北 North
SW	西南 Southwest	NE	东北 Northeast

三、成土母质与母岩

主要成土母质类型见表 3-12。

表 3-12　成土母质类型

固结形式母质（岩石类型）		固结形式母质（岩石类型）		非固结形式母质	
编码	名称	编码	名称	编码	名称
AC	酸性火成岩/变质岩	PS	紫色砂岩	AS	风积沙
GR	花岗岩	PH	千枚岩	LO	原生黄土
GN	片麻岩	QS	石英砂岩	LOP	黄土状物质（次生黄土）
GG	花岗岩/片麻岩	SH	页岩	LI	残积物
QZ	石英岩	RH	流纹岩	LG	坡积物
SC	片岩	SS	砂页岩	MA	洪积物
AN	安山岩	MA	泥灰岩	LA	洪-冲积物
DI	闪长岩	MS	泥页岩	FL	冲积物
BA	基性火成岩/变质岩	TR	石灰岩	PY	海岸沉积物
UB	超基性岩	CL	砾岩	GL	潟湖沉积物

续表

固结形式母质（岩石类型）				非固结形式母质	
编码	名称	编码	名称	编码	名称
GA	辉长岩	RC	红砾岩	OR	海洋沉积物
BT	玄武岩	SI	粉砂岩	AL	湖泊沉积物
DO	粗玄岩	TU	凝灰岩	VA	河流沉积物
BA	玄武质火山熔岩	PR	火成碎屑岩	CO	火成碎屑沉积物
VO	火山岩	EV	蒸发岩	WE	冰川沉积物
SE	沉积岩	GY	石膏岩	SA	有机沉积物
LI	石灰岩	MT	变质岩	RC	火山灰
DM	白云岩	SL	板岩	CD	崩积物
SA	砂岩	MU	泥岩	SP	半风化体
RS	红砂岩	NK	未知	QR	第四纪红黏土
				OT	其他

注：①调查时，需注明母质的成因；②基岩上发育的土壤，调查时应同时填写固结类（岩石类型）和非固结类母质类型。③母岩判别可参考：克里斯·佩兰特，2007。

四、有效（或疏松）土层厚度

植物根系可延伸到疏松土状层（不含半风化体）。有效土层厚度见表 3-13，图 3-3。

表 3-13 有效土层厚度

编码	名称	厚度/cm	编码	名称	厚度/cm
VS	很浅	<30	D	深	100~150
S	浅	30~50	VD	很深	≥150
LD	稍深	50~100			

(a) 玉米地，冲积物母质，通体为细土，无砾石，有效土层厚度>1.2m

(b) 林地，花岗岩风化坡积物母质，42cm以下为花岗岩半风化体，有效土层厚度42cm

图 3-3　有效土层厚度

五、土地利用现状

（一）土地利用分类

土地利用现状分类见表 3-14。

表 3-14　土地利用现状分类

一级类		二级类		含义
编码	名称	编码	名称	
01	耕地	011	水田	用于种植水稻、莲藕等水生农作物的耕地。包括实行水生、旱生农作物轮种的耕地
		012	水浇地	有水源保证和灌溉设施，在一般年景能正常灌溉，种植旱生农作物的耕地。包括种植蔬菜等的非工厂化的大棚用地
		013	旱地	无灌溉设施，主要靠天然降水种植旱生农作物的耕地，包括没有灌溉设施，仅靠引洪淤灌的耕地

续表

一级类		二级类		含义
编码	名称	编码	名称	
02	园地	021	果园	种植果树的园地
		022	茶园	种植茶树的园地
		023	其他园地	种植桑树、橡胶、可可、咖啡、油棕、胡椒、药材等其他多年生作物的园地
03	林地	031	有林地	树木郁闭度≥0.2乔木林地,含红树林地和竹林地
		032	灌木林地	灌木覆盖度≥40%的林地
		033	其他林地	包括疏林地(指树木郁闭度≥0.1、<0.2的林地)、未成林地、迹地、苗圃等
04	草地	041	天然牧草地	以天然草本植物为主,用于放牧或割草的草地
		042	人工牧草地	人工种植牧草的草地
		043	其他草地	树木郁闭度<0.1,表层为土质,生长草本植物为主,不用于畜牧业的草地
11	水域及水利设施用地	115	沿海滩涂	沿海大潮高潮位与低潮位之间的潮浸地带。包括海岛的沿海滩涂。不包括已利用的滩涂
		116	内陆滩涂	河流、湖泊常水位至洪水位间的滩地;时令湖、河洪水位以下的滩地;水库、坑塘的正常蓄水位与洪水位间的滩地。包括海岛的内陆滩涂。不包括已利用的滩地
		119	冰川/永久积雪	表层被冰雪常年覆盖的土地
12	其他土地	124	盐碱地	表层盐碱聚集,生长天然耐盐植物的土地
		125	沼泽地	经常积水或渍水,一般生长沼生、湿生植物的土地
		126	沙地	表层为沙覆盖、基本无植被的土地。不包括滩涂中的沙地
		127	裸地	表层为土质,基本无植被覆盖的土地;或表层为岩石、石砾,其覆盖面积≥70%的土地

注:(1)依据《土地利用现状分类》(GB/T 21010—2017)国家标准,不含建设用地。

(2)耕地需注明轮作制度;对耕地和次生的林/灌/草地等需要了解形成的年代。

（二）植被类型

植被覆盖度分类（非农地）见表 3-15，植被分类见表 3-16。

表 3-15 非农地植被覆盖度分类（不含农作物）

编码	禾本覆盖度/%	林冠覆盖度/%
0	0	0
1	<15	<15
2	15～40	15～40
3	40～80	40～80
4	≥80	≥80

注：林冠郁闭度为单位面积上林冠覆盖林地面积与林地总面积之比。

表 3-16 植被分类

编码	类型	编码	类型
F	森林	D	矮小灌木
FE	常绿林	DE	常绿矮小灌木
FE1	季雨林	DS	半绿叶矮小灌木
FE2	雨林	DD	绿叶矮小灌木
FE3	常绿针阔叶林	DX	旱生矮小灌木
FS	半落叶林	DT	冻原
FD	落叶林	H	草本
S	灌木	HT	高草地
SE	常绿灌木	HM	中草地
SS	半绿叶灌木	HS	矮草地
SD	绿叶灌木	HF	非禾本科草类
SX	旱生灌木	N	无植被

注：注明优势林、灌、草的类型名称（如马尾松、黄杨、香根草等）。

（三）人类影响

人类影响分类见表 3-17。

表 3-17　人类影响分类

编码	名称	编码	名称	编码	名称	编码	名称
N	无影响	IF	沟灌	BU	筑田埂	MS	加沙
NK	未知	IP	滴灌	BR	燃烧	MU	加矿物
VS	植被轻度扰乱	ID	漫灌	TE	修梯田	PO	污染
VM	植被中度扰乱	IU	灌溉（泛指）	PL	耕翻	CL	清理
VE	植被强度扰乱	AD	人工排水	MP	厩积	SC	地表压实
IS	喷灌	FE	施肥	MR	高位苗床	BP	取土坑

六、地表特征

（一）侵蚀状况

侵蚀是指土壤及其母质在水力、风力、冻融、重力等外力作用下，被破坏、剥蚀、搬运和沉积的过程。侵蚀的成因分类见表 3-18，地表侵蚀状况见表 3-19。

表 3-18　侵蚀的成因分类

成因	描述
W. 水蚀	以降水作为侵蚀营力，与坡度关系较大，并随坡度增加而加剧
W1 片蚀	以溅蚀和薄层漫流均匀剥蚀地表的现象。地表无明显的侵蚀沟，由于发生的面积大，因而侵蚀量大

续表

成因	描述
W2 细沟侵蚀	细小股流刻划地表形成的纹状细沟，深度与宽度均小于20cm，常因耕种而消失
W3 浅沟侵蚀	较大股流切割地面形成的侵蚀沟，其深度一般在1m以内，宽度<2m，横断面下凹的底部呈圆滑型。耕犁不能使之完全消失
W4 切沟侵蚀	大股流切割地面形成的侵蚀沟，深度和宽度至少在1m以上，横断面由初期的"V"形发育成"U"形。地面支离破碎，丧失生产能力
M. 重力侵蚀	在重力和水的综合作用下发生的土体下坠或位移的侵蚀现象，包括崩塌、滑坡、崩岗、泻溜等
A. 风蚀	在风力作用下发生的侵蚀，在降雨量少的干旱和半干旱地区明显，与植被关系甚大
WA. 水蚀与风蚀复合	

表 3-19 地表侵蚀状况

强度		
编码	名称	描述
N	无	A 层没有受到侵蚀
S	轻	1/4 的 A 层受到损害，但植物还是能够正常生长
M	中	1/4～3/4 的 A 层明显被侵蚀，植物生长受到较大影响
V	强	A 层丧失，B 层出露并受到侵蚀，植物较难生长
E	剧烈	C 层也被侵蚀，植物无法生长

面积		活动时间	
编码	侵蚀面积占地表面积/%	编码	描述
0	0	A	现在有活动
1	<5	R	过去不久的活动（50～100 年以前）
2	5～10	H	历史时期的活动
3	10～25	N	活动时期未知
4	25～50	X	加速和自然侵蚀未能区别
5	≥50		

(二)岩石出露

岩石出露指部分岩体出露于地表(图 3-4,表 3-20)。

图 3-4 岩石出露

表 3-20 岩石出露描述

丰度				间距		
编码	描述	占地表面积/%	说明	编码	描述	间距/m
N	无	0	对耕作无影响	VF	很远	≥50
F	少	<5	对耕作有影响	F	远	20~50
C	中	5~15	对耕作影响严重	M	中	5~20
M	多	15~50	一般不宜耕作,但小农具尚可局部使用	C	较近	2~5
A	很多	≥50	不宜农用	VC	近	<2

(三)地表粗碎块

地表粗碎块指完全暴露于地表之上的石砾(图 3-5)。地表砾石程度描述见表 3-21。

图 3-5 地表粗碎块

表 3-21　地表砾石程度描述

丰度				大小		
编码	描述	占地表面积/%	说明	编码	描述	优势成分直径/cm
N	无	0	对耕作无影响	F	细砾石	<2
F	少	<5	对耕作有影响	C	粗砾石	2~6
C	中	5~15	对大田工作影响严重	S	石块	6~20
M	多	15~50	不宜耕作，但小农具尚可局部使用	B	巨砾	≥20
A	很多	≥50	不能利用			

（四）地表黏闭/板结

土壤表层在降雨或灌水等外因作用下结构破坏、土粒分散，而干燥后受内聚力作用而黏闭/板结等的现象，干旱土和盐成土常见（图 3-6 和图 3-7），地表黏闭/板结描述见表 3-22。

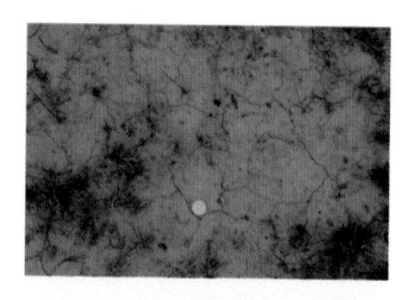

图 3-6　地表黏闭/板结与裂隙

图 3-7 地表盐结壳

表 3-22 地表黏闭/板结描述

厚度			板结结持度		
编码	描述	厚度/mm	编码	描述	
N	无	0	S	稍硬（铅笔或手指稍加用力戳可碎开）	
B	薄	<2	H	硬（铅笔或手指用力戳可碎开）	
M	中	2~5	V	很硬（硬物锤击可碎开）	
T	厚	5~20	E	极硬（硬物用力锤击碎开或不碎）	
V	很厚	≥20			
类型			成因		
编码	组成	说明	编码	描述	说明
Bi	生物	藻类、地衣、苔藓等生物控制结壳的表面，潮湿的时候略微可塑	Ch	化学	蒸发盐结壳，如 NaCl
			Ph	物理	重组或重建的结壳
Mi	矿质	可逆的黏合的原生和次生矿质颗粒，非生物控制，湿或干时均坚硬	Phr	雨滴	分散、胶结、风干
			Phs	沉积	厚度可变的沉积物
			Phf	冻融	裸土，小多边形

（五）地表盐斑

地表盐斑是由大量易溶性盐胶结成的灰白色或灰黑色盐斑（图 3-8）。地表盐分描述见表 3-23。

图 3-8 地表盐斑

表 3-23 地表盐分描述

盐斑丰度			盐斑厚度			盐斑大小		
编码	描述	占地表面积/%	编码	描述	厚度/mm	编码	描述	直径/cm
N	无	0	N	无	0	N	无	0
L	低	<5	Ti	薄	<5	Ti	薄	<10
M	中	15~40	M	中	5~10	M	中	10~50
H	高	40~80	Tk	厚	10~20	Tc	厚	≥50
V	极高	≥80	V	很厚	≥20			

（六）地表裂隙

富含黏粒的土壤由于干湿交替造成土体收缩而在地表形成的空隙（图 3-9）。地表裂隙描述见表 3-24。

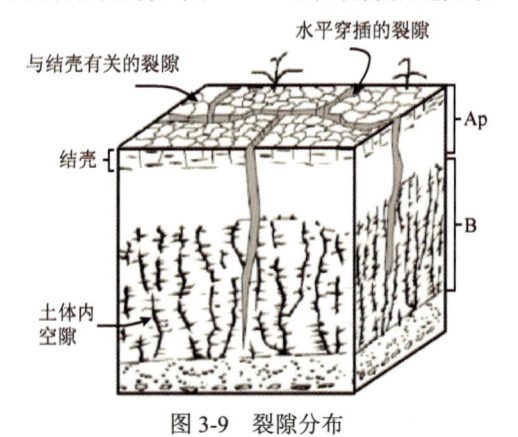

图 3-9 裂隙分布

表 3-24 地表裂隙描述

宽度			长度			丰度	
编码	描述	宽度/mm	编码	描述	长度/cm	编码	描述
VF	很细	<1	SH	短	<10	VM	很多
FI	细	1~3	ME	中	10~30	MA	多
ME	中	3~5	LO	长	30~50	MI	中
WI	宽	5~10	VL	很长	≥50	F	少
VW	很宽	≥10				N	无

间距			方向（用于描述土体中裂隙）			连续性	
编码	描述	cm	编码	描述		编码	描述
VS	很少	<10	V	垂直和接近垂直		B	间断
SM	小	10~30	H	水平和接近水平		C	连续
ME	中	30~50	R	任意			
LA	大	50~100					
VL	很大	≥100					

七、水文状况

指土壤的洪水泛滥（咨询当地有关部门或农户，或依据土壤位置判断）、内外排水、导水/渗透（结合土壤质地、土体质地构型、土体中石砾比例间接判断）、地下水状况（图 3-10，表 3-25～表 3-31）。

表 3-25 洪水泛滥情况描述

编码	频率	编码	持续时间/d	编码	积水情况	深度/cm
N	无	1	<1	1	很浅	<25
D	每日1次	2	1~15	2	浅	25~50
W	每周1次	3	15~30	3	稍深	50~100
M	每月1次	4	30~90	4	深	≥100

续表

编码	频率	编码	持续时间/d	编码	积水情况 深度/cm
A	每年 1 次	5	90~180		
B	每两年 1 次	6	180~360		
F	每 2~4 年 1 次	7	持续		
T	每 5~10 年 1 次				
R	很少（10 年不到 1 次）				
NK	无法判断				

表 3-26 土壤外排水分类

编码	描述
P	积水：低洼地区，易积水
N	平衡：地势平坦地区，排灌方便，不易积水
S	流失：坡地，水分多以径流形式流失

表 3-27 外排水式样分类

编码	描述	编码	描述	编码	描述
AN	环状	DR	紊乱状	RA	放射状
AR	人工	KC	喀斯特洞状	RE	矩形状
CE	向心状	PA	平行状	TH	热溶喀斯特状
DE	树枝状	PI	羽状	TR	栅格状

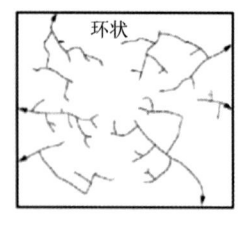

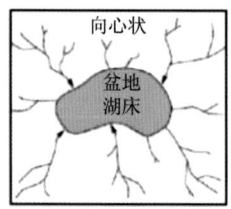

第三部分 成土条件描述

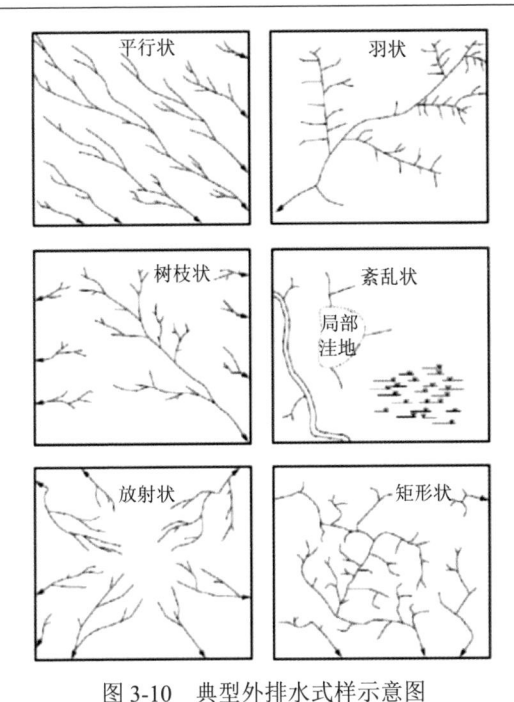

图 3-10 典型外排水式样示意图

平原地区农田外排水式样一般为平行状，山区一般为羽状或树枝状，盆地区一般为向心状

表 3-28 土壤内部排水分类

编码	描述	编码	描述
W	从不饱和（排水良好）	L	每年长期饱和
R	很少饱和（一些年内有几天）	V	终年饱和（排水极差）
S	多数年内短期饱和（达30天）	N	未知

表 3-29 土壤内部排水等级分类

编码	名称	描述
S	排水过快	排水快，持水性差。多指山地陡坡上的土壤、石质土壤、砂质土壤
W	排水良好	水分易从土壤中流走，但流动不快，雨后或灌溉后土壤能保蓄相当的水分

续表

编码	名称	描述
M	排水中等	水分在土壤中移动缓慢,在相当长时期内(不足半年),剖面中大部分土体潮湿,或具有不透水层,或地下水位较高,或有侧向水渗入
P	排水差	水分在土壤中移动缓慢,在一年中有半年以上的时间剖面中大部分土体潮湿

表 3-30 渗透性或导水率分级

编码	描述	渗透性或导水率 /(cm/h)	编码	描述	渗透性或导水率 /(cm/h)
ES	极慢	<0.06	MR	稍快	2.0～6.0
VS	很慢	0.06～0.2	R	快	6.0～20
S	慢	0.2～0.6	VR	很快	≥20
MS	稍慢	0.6～2.0			

表 3-31 土壤地下水描述

埋深			水质			
编码	描述	深度/m	编码	描述	盐分含量/(g/L)	说明
V	很浅	<0.25	SA	咸	≥5	不宜灌溉
S	浅	0.25～0.5	BR	稍咸	1～5	淡水稀释后可用于灌溉
M	稍深	0.5～1	FR	淡	<1	能用于灌溉
D	深	1～2	PO	污染		不能用于灌溉
E	很深	≥2				
N	未观察到					

第四部分　形态特征描述

一、诊断层

诊断层：凡用于鉴别土壤类别（soil taxon）的，在性质上有一系列定量规定的特定土层。

诊断表层：指位于单个土体最上部的诊断层。

诊断表下层：由物质的淋溶、淀积迁移或就地富集作用在土壤表层之下所形成的具有诊断意义的土层。包括发生层中的 B 层和 E 层。在土壤遭受剥蚀的情况下，可暴露于地表。

其他诊断层：在特定情况下，由于土壤中物质随上行水流向土壤上部移动，或由于外来物质进入土壤，或由于表层物质因环境条件改变，就地发生变化而聚积叠加于 A 层部位，使后者在性质上发生明显变化，而且在分类上具有重要意义的特殊诊断层。但不包括诊断表下层中由于土壤遭受剥蚀而暴露于地表的诊断层（表 4-1）。

表 4-1　诊断层分类

诊断表层	诊断表下层
A. 有机物质表层类 Organic epipedons	1. 漂白层 Albic horizon
1. 有机表层 Histic epipedon	2. 舌状层 Glossic horizon
2. 草毡表层 Mattic epipedon	3. 雏形层 Cambic horizon
B. 腐殖质表层类 Humic epipedons	4. 铁铝层 Ferralic horizon
1. 暗沃表层 Mollic epipedon	5. 低活性富铁层 LAC-ferric horizon
2. 暗瘠表层 Umbric epipedon	6. 聚铁网纹层 Plinthic horizon
3. 淡薄表层 Ochric epipedon	7. 灰化淀积层 Spodic horizon

续表

诊断表层	诊断表下层
C. 人为表层类 Anthropic epipedons	8. 耕作淀积层 Agric horizon
1. 灌淤表层 Siltigic epipedon	9. 水耕氧化还原层 Hydragric horizon
2. 堆垫表层 Cumulic epipedon	10. 黏化层 Argic horizon
3. 肥熟表层 Fimic epipedon	11. 黏磐 Claypan
4. 水耕表层 Anthrostagnic epipedon	12. 碱积层 Alkalic horizon
D. 结皮表层类 Crustic epipedons	13. 超盐积层 Hypersalic horizon
1. 干旱表层 Aridic epipedon	14. 盐磐 Salipan
2. 盐结壳 Salic crust	15. 石膏层 Gypsic horizon
	16. 超石膏层 Hypergypsic horizon
	17. 钙积层 Calcic horizon
	18. 超钙积层 Hypercalcic horizon
	19. 钙磐 Calcipan
	20. 磷磐 Phosphipan

* 其他诊断层

1. 盐积层 Salic horizon
2. 含硫层 Sulfuric horizon

注：诊断层类型判别详见中国科学院南京土壤研究所土壤系统分类课题组，中国土壤系统分类课题研究协作组. 2001. 中国土壤系统分类检索（第三版）. 合肥：中国科学技术大学出版社。

二、诊断特性

用于分类目的、具有定量规定的土壤形态的、物理的和化学的性质（表 4-2）。

表 4-2　诊断特性分类

诊断特性	诊断特性
1. 有机土壤物质 Organic soil materials	6. 变性特征 Vertic features
2. 岩性特征 Lithologic characters	7. 人为扰动层次 Anthroturbic layer
3. 石质接触面 Lithic contact	8. 土壤水分状况 Soil moisture regimes
4. 准石质接触面 Paralithic contact	9. 潜育特征 Gleyic features
5. 人为淤积物质 Anthro-silting materials	10. 氧化还原特征 Redoxic features

续表

诊断特性	诊断特性
11. 土壤温度状况 Soil temperature regimes	19. 富铝特性 Allitic property
12. 永冻层次 Permafrost layer	20. 铝质特性 Alic property
13. 冻融特征 Frost-thawic features	21. 富磷特性 Phosphic property
14. n 值 n value	22. 钠质特性 Sodic property
15. 均腐殖质特性 Isohumic property	23. 石灰性 Calcaric property
16. 腐殖质特性 Humic property	24. 盐基饱和度 Base saturation
17. 火山灰特性 Andic property	25. 硫化物物质 Sulfidic materials
18. 铁质特性 Ferric property	

注：诊断特性判别详见中国科学院南京土壤研究所土壤系统分类课题组，中国土壤系统分类课题研究协作组. 2001. 中国土壤系统分类检索（第三版）. 合肥：中国科学技术大学出版社.

三、发生层及其符号表达

发生层用英文大写字母表示。主要发生层及其描述见表4-3。

表4-3 主要发生层及其描述

发生层	编码	描述
基本发生层	O	有机物质表层（包括泥炭质表层、枯枝落叶质表层、草毡表层）
	A	腐殖质表层或受耕作影响的表层
	E	淋溶层、漂白层
	B	物质淀积层或聚积层，或风化B层
	C	母质层，不是基岩
	R	基岩
特定发生层	K	矿质土壤A层之上的矿质结壳层（如盐结壳、铁结壳等）

注：（1）主要发生层出现深度的记载格式为位于矿质土壤A层之上的O层和K层，由A层向上记载其深度，并前置"+"，例如Oi: +4～+2cm; Oe: +2～0cm; A: 0～15cm 或 Kz: +1～0cm; A: 0～10cm。
（2）土壤层次划分主要依据：土壤干湿状况，基质颜色，质地类型，结构体形状和大小，根系多少和粗细，砾石、新生体(如结核、斑纹和胶膜等)、侵入体(如砖、瓦等)多少和大小，耕作深浅等方面的差异。

四、发生层特性及其符号表达

发生层特性指土壤发生层所具有的发生学上的特性。用英文小写字母并列置于主要发生层大写字母之后（不是下标）表示发生层的特性（表4-4）。

表4-4 发生层特性描述

符号	描述
a	高分解有机物质，如 Oa
b	埋藏层，如 Ab 表示埋藏表层
c	结皮，例 Ac 结皮层
d	冻融特征
e	半分解有机物质，如 Oe
f	永冻层
g	潜育特征
h	腐殖质聚积
i	低分解和未分解有机物质，例 Oi
j	黄钾铁矾
k	碳酸盐聚积
l	网纹
m	胶结形成的硬磐，不易用手掰开。例 Btm 表示黏磐；Bkm 表示钙磐；Bym 表示石膏磐；Bzm 表示盐磐
n	钠聚积
o	根系盘结，例 Oo 草毡层
p	耕作影响，例 Ap 表示耕作层；水田和旱地均可用 Ap1 和 Ap2 表示，Ap1 表示耕作层，Ap2 分别表示水田的犁底层和旱地的受耕作影响层次
q	次生硅聚积
r	氧化还原。例如水耕人为土和潮湿雏形土的铁锰斑纹或铁锰结核
s	铁锰聚积。自型土中的铁锰淀积和风化残积。又可进一步按铁锰分异细分为 s1 铁聚积，s2 锰聚积

续表

符号	描述
t	黏粒聚积。如 Bt 表示黏化层
u	人为堆垫、灌淤、堆积等影响
v	变性特征
w	就地风化形成的显色、有结构层。例 Bw 表示风化 B 层
x	胶结，但未形成硬磐，用手可以掰开。如 Btx 表示硬但可掰开的黏化层
y	石膏聚积
z	可溶盐聚积
φ	磷聚积，例 Bφ 表示磷积层，Bφm 磷质硬磐

注：在需要用多个小写字母作后缀时，t、u 要在其他小写字母之前，如具黏淀特征的碱化层为 Btn；灌淤耕作层为 Aup、灌淤耕作淀积层 Bup、灌淤斑纹层 Bur；v 放在其他小写字母后面，如砂姜钙积潮湿变性土的 B 层为 Bkv。

发生层或发生特性的续/细分：

主要发生层或特性发生层可按其发生程度上的差异进一步细分为若干亚层。均以阿拉伯数字与英文字母并列表示，例如，C1、C2、Bt1、Bt2、Bt3。

（1）特性发生层的细分：①对有些特性发生层（p，r，s）按其发生特性的差异进一步细分。例如将 Ap 层（受耕作影响的表层）分为 Ap1 层（耕作层）和 Ap2 层（犁底层），Bs 层（自型土铁锰淀积层）分为 Bs1 层（铁淀积层）和 Bs2 层（锰淀积层）。注意以阿拉伯数字与英文小写字母并列。②当上述细分特性发生层可按其发育程度或发育次序上的差异续分出若干亚层时，也以小阿拉伯数字并列置于表示细分特性发生层的英文小写字母和小阿拉伯数字之后。例如，有的耕作层（Ap1）可分出上耕层（Ap11）和下耕层（Ap12）。

（2）异源母质土层表示：用阿拉伯数字置于发生层符号前表示。例如，在下列二源母质土壤剖面的发生层序列（A-E-Bt1-Bt2-2Bt3-2C-2R）中，A-E-Bt1-Bt2为由物质"1"发育的发生层（阿拉伯数字1可省略），2Bt3-2C-2R为由物质"2"发育的土层；其中3个连续的黏淀层仍必须连续表示。

（3）过渡层表示：用代表上下两发生层的大写字母连写，将表示具有主要特征的土层字母放在前面。例如，AB层。具舌状、指状土层界线两发生层，用斜线分隔号（/）置于其间，前面的大写字母代表该发生层的部分在整个指间层中占优势。例如，E/B层、B/E层。

（4）a、e、i一般仅出现在O的后面。

五、发生层边界

发生层边界指相邻发生层之间的过渡状况，描述格式为"向下平滑突变过渡""向下波状渐变过渡"等（表4-5，图4-1）。

表4-5 发生层层次过渡描述

过渡形状			明显度		
编码	描述	描述	编码	描述	交错区厚度/cm
S	平滑	指过渡层呈水平或近于水平	A	突变	<2
W	波状	指土层间过渡形成凹陷，其深度<宽度	C	清晰	2~5
I	不规则	指土层间过渡形成凹陷，其深度>宽度	G	渐变	5~12
B	间断	指土层间过渡出现中断现象	F	模糊	≥12

注：过渡不规则土层的厚度或深度应按实际变幅描述，如 10/12cm~16/30cm。

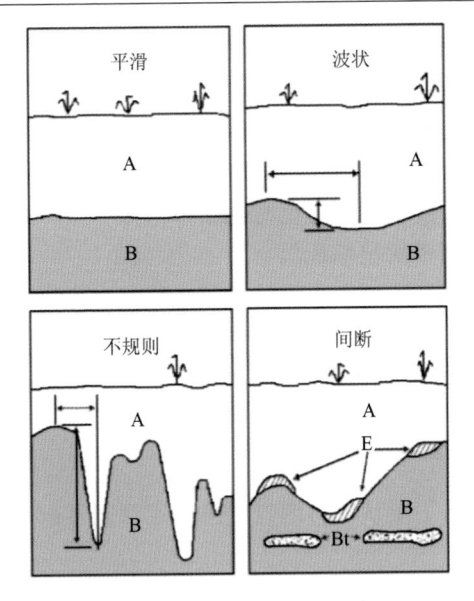

图 4-1　土层间的过渡形式

六、土壤颜色

土壤颜色按中国标准土壤比色卡或其他 Munsell 土壤比色卡判定，格式：浊黄橙色（10YR 7/3）。

土壤颜色描述注意事项：

（1）描述干态颜色（风干后）与润态颜色（指在风干土上滴上水，充分湿润，待表面水膜消失后的颜色）。

（2）土壤比色应以捻碎后的基质为准。

（3）若土壤结构发育，需注明结构体的内、外颜色。

（4）有潜育特征的土壤或含有机质的酸性土壤，需同时记载田间新鲜土壤剖面中的颜色与暴露在空气中后的颜色。

（5）两种土层的物质混杂，存在两种以上土壤颜色时，则对不同的底色分别加以描述，并注明各类颜色的大致面积所占百分比。

（6）除用比色卡外，必要时应加适当的文字描述，如"比上层略黄""暴露在空气中颜色很快变淡"等。

（7）注明判断颜色时的条件，如"干土块，表面用小刀刮平后呈棕色"。

注：为防止由于野外土壤水分状况变化引起的比色误差，建议在土壤充分风干后进行比色，首先对风干样比色，然后滴加蒸馏水至完全湿润再进行比色。

七、土壤干湿状况

土壤干湿状况可通过手感确定（表4-6）。

表4-6 土壤干湿状况描述

编码	名称	描述
DR	干	放在手上无凉快感觉，黏土成为硬块
SD	稍干	
SM	稍润	放在手上有凉润感觉，用手压稍留下印痕
MO	润	
VM	潮	放在手上留下湿的痕迹，可搓成土球或条，但无水流出
WE	湿	用手挤压时水能从土壤中流出

八、植物根系

植物根系描述见表4-7。

表4-7 植物根系描述

粗细			丰度/（条/dm^2）			
编码	描述	直径/mm	编码	描述	VF&F	M&C&VC
VF	极细	<0.5	N	无	0	0
F	细	0.5~2	V	很少	<20	<2

续表

粗细			丰度/（条/dm²）			
编码	描述	直径/mm	编码	描述	VF&F	M&C&VC
M	中	2～5	F	少	20～50	2～5
C	粗	5～10	C	中	50～200	≥5
VC	很粗	≥10	M	多	≥200	

注：需注明植物的类型。

九、细土颗粒分级与质地

细土颗粒指土体中＜2mm 的物质，粒级划分采用美国农业部（USDA）土壤颗粒粒径分级标准（表 4-8）。

表 4-8　美国农业部土壤颗粒粒级分级标准

分级	极粗砂	粗砂	中砂	细砂	极细砂	粉粒	粗黏粒	细黏粒
粒径/mm	2～1	1～0.5	0.5～0.25	0.25～0.01	0.01～0.05	0.05～0.002	0.002～0.0002	＜0.0002

质地室内确定：通过吸管法或比重计法进行测定，以 USDA 的土壤质地三角图（图 4-2）为标准，砂壤土、壤砂土和砂土质地的进一步细分参见 Soil Survey Staff（1993）。

质地野外判别：采用 C. W. Shaw 的简易质地类型进行快速判定。

（1）砂土：松散的单粒状颗粒，能够见到或感觉到单个砂粒。干时若抓在手中，稍一松开后即散落，润时可呈一团，但一碰即散。

（2）砂壤土：干时手握成团，但极易散落，润时握成团后，用手小心拿起不会散开。

（3）壤土：松软并有砂粒感，平滑，稍黏着。干时手握成团，用手小心拿起不会散开；润时握成团后，一般性触动不至于散开。

（4）粉壤土：干时成块，但易弄碎，粉碎后松软，有粉质感。润时成团，为塑性胶泥。干、润时所呈团块均可随便拿起而不散开。湿时以拇指与食指搓捻不成条，呈断裂状。

（5）黏壤土：破碎后呈块状，土块干时坚硬。湿土可用拇指和食指搓捻成条，但往往经受不住它本身的重量。润时可塑，手握成团，手拿起时更加不易散裂，反而变成坚实的土团。

（6）黏土：干时常为坚硬的土块，润时极可塑。通常有黏着性，手指间搓成长的可塑土条。

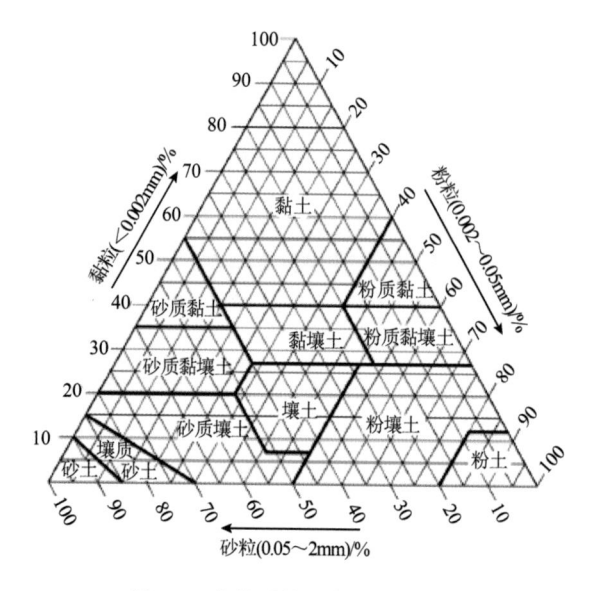

图 4-2 土壤质地三角图（USDA）

十、土壤结构

土壤结构指土壤颗粒（包括团聚体）的排列与组合形式（表 4-9）。土壤结构体类型及图片见图 4-3～图 4-9，描述见表 4-10。

表 4-9 土壤结构体类型描述

形状	描述	形状	描述
A 片状	表面平滑	G 核状	边角尖锋紧实少孔
B 鳞片状	表面弯曲	H（核）粒状	浑圆少孔
C 棱柱状	边角明显无圆头	I 团粒状	浑圆多孔
D 柱状	边角较明显有圆头	J 屑粒状	多种细小颗粒混杂体
E 棱块状（角块状）	边角明显多面体状	K 楔状	锥形木楔形状
F 团块状（亚角块状）	边角浑圆	L 透镜状	中间厚，四周薄

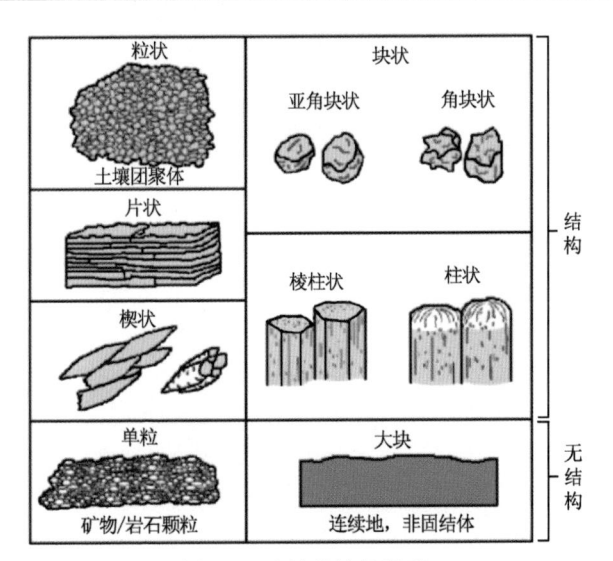

图 4-3 土壤结构体类型

图 4-4　片状结构

片状结构一般分布在高海拔寒冷地区，由冻融交替产生，而由不同时期冲积物形成的冲积层理不算片状结构

图 4-5　粒状或团粒状结构

图 4-6　柱状结构

图 4-7　棱柱状结构　　　　图 4-8　棱块状结构

图 4-9　角块状结构

表 4-10　土壤结构体描述

	编码	描述	最大尺度/mm
形状与大小	PL	（1）片状	
	VF	很薄	<1
	FI	薄	1～2
	ME	中	2～5
	CO	厚	5～10
	VC	很厚	≥10

续表

	编码	描述	最大尺度/mm
	PR	（2）（棱）柱状	
	VF	很小	<10
	FI	小	10~20
	ME	中	20~50
	CO	大	50~100
	VC	很大	≥100
	BL	（3）（棱）块状/楔状	
	VF	很小	<5
	FI	小	5~10
	ME	中	10~20
形状与大小	CO	大	20~50
	VC	很大	≥50
	GR	（4）粒状/核状	
	VF	很小	<1
	FI	小	1~2
	ME	中	2~5
	CO	大	5~10
	VC	很大	≥10
	MA	（5）整体状（或整块状）	<1
	FS	细沉积层理	1~2
	FMA	分风化矿物结晶	2~5
	VW	很弱（保留大部分母质特性）	
	WE	弱（保留部分母质特性）	
发育程度	MO	中（保留少量母质特性）	
	ST	强（基本没有母质特性）	
	VS	很强（没有母质特性）	

注：片状、柱状结构体，以短轴长度计；块状、粒状结构体，以最大长度计。

土壤团聚体（团粒结构）[①]

定义、形成与作用：土粒经干湿交替、冻融交替、根系压力或耕耘等作用形成的直径小于 10mm 的结构单位。其形成有两个主要途径：一是单粒通过凝聚和复合等作用形成复粒，复粒进一步胶结形成团聚体；二是大的土块或土体经过各种外力作用而崩解成不同大小的团聚体。团聚体在稳定土壤大小孔隙搭配、调节土壤水气矛盾、促进根系在土体中穿插以及固碳等方面具有重要的作用。

团聚体分级：直径≥0.25mm，大团聚体；直径＜0.25mm，微团聚体。

团聚体稳定性：①力稳性，指抗机械压碎的能力；②水稳性，指抗水力分散的能力；③生物学稳定性，指抗微生物分解的能力。

团聚体分析方法：①湿筛法，将不同孔径的筛顺序连接在水桶中，以一定速度上下移动一定时间，然后取出留在各筛上的土样，烘干后称重以求得团聚体的粒径分布。②干筛法，土样风干后用振荡或跳动方法进行筛分以测定一定稳定机械条件下的团聚体粒径分布。

微团聚体分析：通过 1mm 孔径的土样，置于一定比例的水中，经过振荡或煮沸等物理分散后，倒入一定容积的量筒，制成悬液，按斯托克斯定律，用吸管吸样测定各级微团聚体。

十一、土体内岩石和矿物碎屑

土体内岩石和矿物碎屑指土体中能够与土壤分离

[①] 周建民，沈仁芳. 2013. 土壤学大辞典. 北京：科学出版社

出的≥2mm的岩石和矿物碎屑。土体中岩石和矿物碎屑描述见表4-11。

表4-11 岩石和矿物碎屑描述

丰度			大小			
编码	描述	占土体体积/%	编码	描述	直径/mm	与地表砾石相当等级
N	无	0	A	很小	<5	(细砾)
V	很少	<2	B	小	5~20	(中砾)
F	少	2~5	C	中	20~75	(粗砾)
C	中	5~15	D	大	75~250	(石块)
M	多	15~40	E	很大	≥250	(巨砾)
A	很多	40~80				
D	极多	≥80				

形状		风化状态		
编码	描述	编码	描述	说明
P	棱角状	F	微风化(包括新鲜)	没有或仅有极少的风化证据
SP	次棱角状	W	中等风化	砾石表面颜色明显变化,原晶体已遭破坏但部分仍保持新鲜状态,基本保持原岩石强度
SR	次圆状	S	强风化	几乎所有抗风化矿物均已改变原有颜色,施加一般压力即可把砾石弄碎
R	圆状	T	全风化	所有抗风化矿物均已改变原有颜色

莫氏硬度		野外估测	组成物质	
编码	描述		编码	描述
1	滑石	指甲 2.5	QU	石英(颗粒)
2	石膏	回形针 3.5	WZ	石英岩

续表

莫氏硬度		野外估测		组成物质	
编码	描述			编码	描述
3	方解石	小刀	5.5~6	FE	长石
4	氟石			GR	花岗岩
5	磷灰石			CH	燧石
6	正长石			MI	云母
7	石英			OT	其他
8	黄晶				
9	刚玉				
10	金刚石				

注：在统计层次中岩屑体积含量时，应加上层次中的结核，如铁锰结核、碳酸钙结核（砂姜）。

十二、土壤孔隙

孔隙与空隙形状见图4-10，孔隙描述见表4-12。

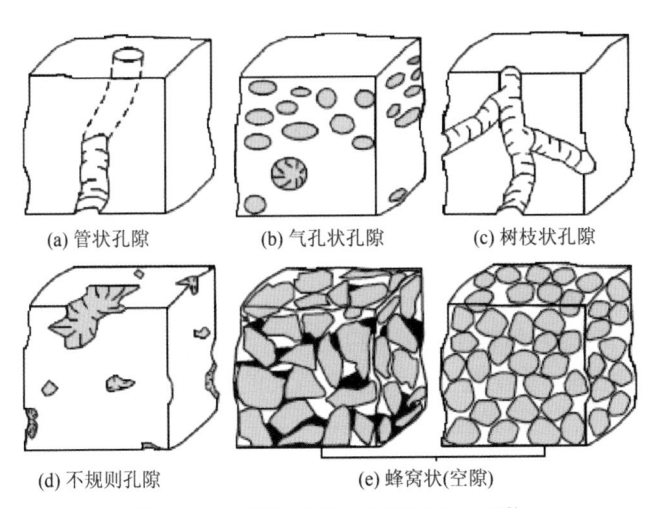

(a) 管状孔隙　　(b) 气孔状孔隙　　(c) 树枝状孔隙

(d) 不规则孔隙　　(e) 蜂窝状(空隙)

图4-10　孔隙与空隙（肉眼可见）形状

表 4-12　孔隙描述

孔隙度			丰度/（个/dm²）			
编码	描述	体积/%	编码	描述	VF&F	M&C&VC
1	很低	<2	N	无	0	0
2	低	2~5	V	很少	<20	<2
3	中	5~15	F	少	20~50	2~5
4	高	15~40	C	中	50~200	5~20
5	很高	≥40	M	多	≥200	≥20
粗细			类型		分布位置	
编码	描述	直径/mm	编码	描述	编码	描述
VF	很细	<0.5	I	粒间孔隙（蜂窝状）	I	结构体内
F	细	0.5~2	B	气孔（气泡状）	O	结构体外
M	中	2~5	R	根孔（管道状）	IO	结构体内外
C	粗	5~20	A	动物穴（孔洞状）		
VC	很粗	20~50				

十三、土壤结持性

土壤结持性指土壤结构体的软硬、松紧、黏着性和可塑性等（表 4-13）。

（1）黏结性：指土粒（<2mm）间相互黏结在一起的性能，是通过土粒、水、土粒之间的引力而表现出来的。

（2）黏着性：指土粒在一定含水情况下黏附外物的性能，由土粒、水、外物相互间的分子引力所产生的。

（3）可塑性：指土壤在一定含水范围内可以塑造成任意形状，当外力消失或干燥后，仍保持塑造形状的性能，与水分含量、土壤质地和黏粒含量有关。

土壤结持性的野外判别

（1）干时结持性：指风干土壤在手中挤压时破碎的难易程度。

松散：土壤物质相互间无黏着性。

松软：在拇指与食指间，在极轻微压力下即可破碎。

稍坚硬：土壤物质有一定的抗压性，在拇指与食指间较易压碎。

坚硬：土壤物质的抗压性中等，在拇指与食指间极难压碎，但以全手挤压时可以破碎。

很坚硬：土壤物质的抗压性极强，只有全手使劲挤压时才可破碎。

极坚硬：在手中无法压碎。

表4-13　土壤结持性描述

硬结性（干态）		坚实性（润态）	
编码	描述	编码	描述
LO	松散	LO	松散
SO	松软	VFR	极疏松
SHA	稍坚硬	FR	疏松
HA	坚硬	SI	稍坚实-坚实
VHA	很坚硬	FI	很坚实
EHA	极坚硬	VFI	极坚实
黏着性（湿态）		可塑性（湿态）	
编码	描述	编码	描述
NS	无黏着	NP	无塑
SS	稍黏着	SP	稍塑
ST	黏着	PL	中塑
VS	极黏着	VP	强塑

（2）坚实性：指当土壤含水量介于风干土与田间持水量之间时，土壤物质在手中挤压时破碎的难易程度。

松散：土壤物质相互间无黏着性。

极疏松：在拇指与食指间，在极轻微压力下即可破碎。

疏松：在拇指与食指间稍加压力即可破碎。

稍坚实-坚实：在拇指与食指间加以中等压力即可破碎。

很坚实：在拇指与食指间极难压碎，但全手紧压时可以破碎。

极坚实：以拇指与食指无法压碎，全手紧压时也较难破碎。

（3）黏着性：野外以土壤在拇指和食指间最大黏着程度表示。水分含量以满足土壤获得最大黏着性为准。

无黏着：两指相互挤压后，实际上无土壤物质依附在手指上。

稍黏着：两指相互挤压后，仅有一指上附着土壤物质。两指分开时土壤无拉长现象。

黏着：两指相互挤压后，土壤物质在两指间均有附着，两指分开时有一定的拉长现象。

极黏着：两指挤压分开时，土壤物质在两指上的附着力极强，在两指间拉长性最强。

（4）可塑性：土壤物质加水湿润后，在手中搓成直径为 3mm 的圆条，然后持续搓细，直至断裂为止。

无塑：不形成圆条。

稍塑：可搓成圆条，但稍加外力极易断裂。

中塑：可搓成圆条，稍加外力，较易断裂。

强塑：可搓成圆条，稍加外力，不易断裂。

十四、土体内裂隙

土体内裂隙特指土体内的裂隙，描述同地表裂隙（表 3-24），常见于黏粒含量较高的土壤或层次中，如变性土（图 4-11）。

图 4-11　潮湿变性土（砂姜黑土）中裂隙

十五、新生体

新生体指土壤发育过程中物质淋溶淀积和集聚的生成物。化学起源的新生体包括易溶性盐类、石膏、碳酸钙、二氧化硅、铁锰氧化物、腐殖质；生物起源的新生体包括粪粒、蠕虫穴、鼠穴斑、根孔。

（一）斑纹

与土壤基色不同的线状物或斑块状物，一般是由氧化（干）还原（湿）交替形成，斑纹颜色以比色卡或目视确定（图 4-12）。斑纹定量描述见表 4-14。

图 4-12　铁锰斑纹

表 4-14　斑纹定量描述

丰度			大小			位置	
编码	描述	占面积/%	编码	描述	直径/mm	编码	描述
N	无	0	V	很小	<2	A	结构体表面
V	很少	<2	F	小	2～6	B	结构体内
F	少	2～5	M	中	6～20	C	孔隙周围
C	中	5～15	C	大	≥20	D	根系周围
M	多	15～40					
A	很多	≥40					

续表

与土壤基质对比度		边界			组成物质	
编码	描述	编码	描述	扩散距离/mm	编码	描述
F	模糊	S	鲜明	0~0.5	D	铁
D	明显	C	清楚	0.5~2	E	锰
P	显著	D	扩散	≥2	F	铁/锰
					B	高岭
					C	二氧化硅
					G	石膏
					OT	其他

（二）胶膜

胶膜指土壤孔隙壁、土壤结构体或矿质颗粒表面，由于土壤某种成分的凝聚或"细土物质"就地改变排列所形成的膜状物，颜色可因组成成分不同而有棕、黄、灰等（表4-15）。

黏粒胶膜和铁锰胶膜分别如图4-13和图4-14所示，土壤新生体等物质表面积定量估测见图4-15。

表4-15　胶膜描述

丰度			位置		组成物质	
编码	描述	面积/%	编码	描述	编码	描述
N	无	0	P	结构面	C	黏粒
V	很少	<2	PV	垂直结构面	CS	黏粒-铁锰氧化物
F	少	2~5	PH	水平结构面	H	腐殖质（有机质）
C	中	5~15	CF	粗碎块	CH	黏粒-腐殖质
M	多	15~40	LA	薄片层	FM	铁-锰
A	很多	40~80	VO	孔隙	SIL	粉砂
D	极多	≥80	NS	无一定位置	OT	其他

续表

与土壤基质对比度		对比度说明
编码	描述	
F	模糊	只有用 10 倍的放大镜才能在近处的少数部位看到，与周围物质差异很小
D	明显	不用放大镜即可看到，与相邻物质在颜色、质地和其他性质上有明显差异
P	显著	胶膜与结构体内部颜色有十分明显的差异

图 4-13　块状结构体表面的黏粒胶膜

图 4-14　铁锰胶膜

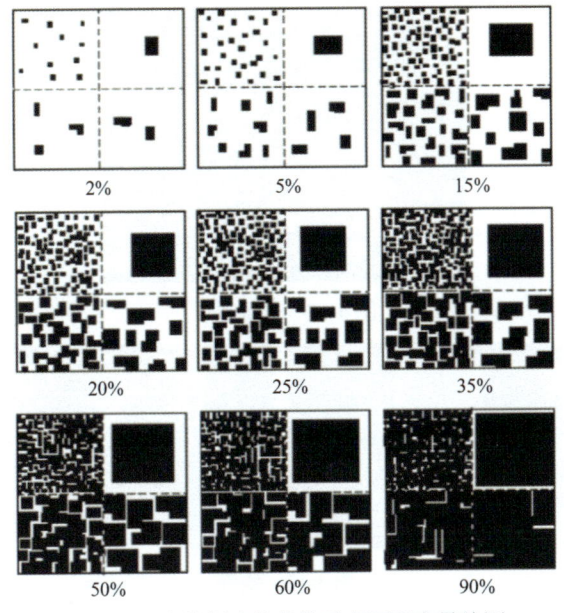

图 4-15　土壤新生体等物质表面积定量估测

（三）矿质瘤状结核

矿质瘤状结核主要是无机物质的次生晶体、微晶体、无定形结核、软的结核、不规则结核、土壤发生过程中形成的瘤状物（图 4-16、图 4-17），结核颜色以比色卡或目视确定（图 4-18～图 4-21）。矿质瘤状结核描述见表 4-16。

图 4-16　铁锰结核

图 4-17　球状铁子

图 4-18　铁管

图 4-19　砂姜（碳酸钙结核）

图 4-20　碳酸钙假菌丝体　　图 4-21　碳酸钙粉末

表 4-16　矿质瘤状结核描述

丰度			种类		大小		
编码	编码	体积/%	编码	描述	编码	描述	直径/mm
N	无	0	T	晶体(含假菌丝体)	V	很小	<2
V	很少	<2	C	结核	F	小	2~6
F	少	2~5	S	软质分凝物	M	中	6~20
C	中	5~15	L	石灰膜	C	大	≥20
M	多	15~40	N	瘤状物			
A	很多	40~80					
D	极多	≥80					

形状		硬度		组成物质	
编码	描述	编码	描述	编码	物质
R	球形	H	用小刀难以破开	CA	碳酸钙(镁)
E	管状	S	用小刀易于破开	Q	二氧化硅
F	扁平	B	硬软兼有	FM	铁锰 (R_2O_3)
I	不规则			GY	石膏
A	角块			OT	其他

十六、磐层胶结与紧实状况

磐层胶结指坚硬的层次，组成磐层的物质湿时具有强烈的结持性，在水中 1 小时也不分散（图 4-22~图 4-26）。磐层胶结与紧实状况描述见表 4-17。

图 4-22　铁磐

图 4-23 石膏磐　　图 4-24 盐磐

图 4-25 钙磐

图 4-26 黏磐

表 4-17 磐层胶结与紧实状况描述

连续性		内部构造		胶结程度	
编码	描述	编码	描述	编码	描述
B	间断	N	无	N	无
C	连续	P	板状	Y	紧实但非胶结
		V	气孔状	W	弱胶结
		G	豆粒状	M	中胶结
		D	不规则瘤状	C	胶结
组成物质				成因或起源	
编码	描述			编码	描述
K	碳酸盐			NA	自然形成
Q	二氧化硅			AM	人为形成
KQ	碳酸盐-二氧化硅			ME	机械压实
F	铁			AP	耕犁
FM	铁锰氧化物			OT	其他
FO	铁锰-有机质				
GY	石膏				
C	黏粒				
CS	黏粒-铁锰氧化物				

十七、填充物

填充物指填充于土壤中裂隙、孔隙、根孔、动物穴的物质（图 4-27、图 4-28）。填充物描述见表 4-18。

图 4-27　蚯蚓通道及填充物　　图 4-28　黄钾铁矾填充物

表 4-18 填充物描述

性质		分布		丰度		
编码	描述	编码	位置	编码	描述	体积/%
S	细土	RP	根孔	N	无	0
C	晶体	AP	动物穴	V	很少	<2
CA	方解石	FI	裂隙	F	少	2~5
GY	石膏			C	中	5~15
JA	黄钾铁矾			M	多	15~40
OT	其他			A	很多	≥40

十八、侵入体

侵入体指非土壤固有的，而是由外界进入土壤的特殊物质（表 4-19）。

表 4-19 土壤侵入体描述

组成物质		丰度		
编码	类型	编码	描述	体积/%
CH	草木炭	N	无	0
CF	陶瓷碎片	V	很少	<2
ID	工业粉尘、废渣	F	少	2~5
PS	砖、瓦、水泥、钢筋等建筑物碎屑	C	中	5~15
OT	其他	M	多	≥15
BF	贝壳			
CC	煤渣			
WL	废弃液			

十九、滑擦面

变性土中由于受干湿交替影响，土壤黏粒矿物胀缩、挤压而相对移动过程中由黏粒致密排列而形成的磨光面（不同于黏粒胶膜）（图 4-29，表 4-20）。

图 4-29　变性土滑擦面

表 4-20　滑擦面描述

编码	描述	占观察面的面积/%	编码	描述	占观察面的面积/%
N	无	0	M	多	15~50
V	少	<5	A	很多	≥50
C	中	5~15			

二十、土壤动物

土壤动物指一生或生命过程中有一段时间定期在土壤中度过，而且对土壤产生一定影响的动物（不含微生物）（图 4-30，表 4-21）。

图 4-30　土壤动物

表 4-21 土壤动物描述

种类		丰度		
编码	类型	编码	描述	层次内动物个数/个
EW	蚯蚓	N	无	0
AT	蚂蚁/白蚁	F	少	<2
FM	田鼠	C	中	3～10
BT	甲虫	M	多	≥10
OT	其他			

注：如观察到动物粪便，其丰度描述由观察者自己决定，编码和描述同动物个数。

二十一、土壤反应

土壤反应描述见表 4-22。

表 4-22 土壤反应描述

类型	编码	描述	等级
石灰反应（泡沫反应）-碳酸盐	N	无	（）
	SL	轻度石灰性	（+）
	MO	中度石灰性	（++）
	ST	强石灰性	（+++）
	EX	极强石灰性	（++++）
亚铁反应	N	无	无色（）
	SL	轻度	微红或微蓝（+）
	MO	中度	红或蓝（++）
	ST	强度	深红或深蓝（+++）
土壤盐化程度	N	无	（）
	SL	轻度盐化	（+）
	MO	中度盐化	（++）
	ST	强度盐化	（+++）
土壤碱化度（酚酞反应）	N	无	无色（）
	SL	轻度碱化	淡红（+）
	MO	中度碱化	红（++）
	ST	强度碱化	紫红（+++）

石灰反应（泡沫反应）：针对石灰性土壤中碳酸盐，用10%稀盐酸滴定。

注：一些石灰性土壤的农田，由于长期施用酸性肥料，耕作层的石灰性可能非常微弱甚至消失，需要特别仔细观察。

亚铁反应：用于野外鉴定还原性土壤中的Fe^{2+}，加入$\alpha\text{-}\alpha'$联吡啶或邻菲罗啉，形成红色配合物；加入铁氰化钾（赤血盐），形成蓝色沉淀物。

氟化钠反应：1mol/L NaF（pH7.5）试剂滴加土壤，羟基释放使溶液 pH 上升。用于野外鉴定无定形物质（水铝英石、氧化铁、硅），并作为鉴定灰化淀积 B 层的辅助指标。

碱化反应：判别碱积层，用酚酞指示剂测定。

二十二、野外速测项目

土壤酸碱性 pH，野外可采用便携式 pH 仪或混合指示剂测定。

氧化还原电位 Eh，采用便携式氧化还原电位仪测定。

电导率 EC，采用便携式电导仪测定。

土壤酸碱性分级见表 4-23。

表 4-23　土壤酸碱性分级

编码	描述	pH	编码	描述	pH
IAc	强酸	<4.5	LAl	微碱	7.5～8.5
Ac	酸	4.5～5.5	Al	碱	8.5～9.0
LAc	微酸	5.5～6.5	IAl	强碱	≥9.0
M	中性	6.5～7.5			

第五部分　采样与分析方法

一、发生层土样的采集

土样应采自新挖的剖面；若以未受人为活动影响的自然断面作为观察剖面，必须对断面进行修整、露出新鲜断面后才可采样。

为防止上层土壤物质下落而污染下部土壤，需自下而上采集分层土样。

土样用布袋或密封塑料袋盛装，每层的采样量为1.5～2kg。

在整个土层内近均匀通层采集，以避免不均匀性。也可按特定目的采集土层内特定深度范围的土壤，同时应记录该深度。

通常表层土样的采集厚度应≤20cm，某些具有≥60cm的暗沃表层的土壤，其表层采样可以放宽到30cm。

含盐量高的土样，用密封塑料袋盛装。

用于微量元素、重金属或有机污染物分析的样品，要注意采样工具、样品袋的选择，防止样品受到污染。

每个装样品的布袋或塑料袋内外都应放置标签，用铅笔或防水记号笔写上剖面号、土壤类型、采样土层和采样深度、日期、地点和采样者姓名等信息。

为了研究剖面性状在水平方向的变异，必要时可辅以钻孔调查和取样，在保持与剖面点一定距离的一致性区域采集不低于5个随机土样，混匀后采用四分法获得1kg的土样。

二、分析项目与方法

依据调查目的的不同，土壤样品的分析方法和标准各异。应用于土壤调查和制图的常用土壤分析项目与方法可参考如下：相关分析可参考《土壤调查实验室分析方法》[①]。

pH：水/氯化钾浸提，电位法。
$CaCO_3$：碳酸钙相当物（g/kg），气量法。
SOC：有机碳（g/kg），重铬酸钾-硫酸消化法。
TN：全氮（g/kg），硒粉、硫酸铜、硫酸消化-蒸馏法（开氏法）。
TP：全磷（g/kg），氢氧化钠熔融-钼锑抗比色法。
TK：全钾（g/kg），氢氧化钠熔融-火焰光度法。
AP：有效磷（mg/kg），碳酸氢钠浸提-钼锑抗比色法（适用于中性和石灰性土壤）；氟化铵、盐酸浸提-钼锑抗比色法（酸性土壤）。
CEC：土壤阳离子交换量（cmol（+）/kg），醋酸铵-EDTA交换法。
EXCa：交换性钙（cmol（+）/kg），醋酸铵浸提-原子吸收分光光度法。
EXMg：交换性镁（cmol（+）/kg），醋酸铵浸提-原子吸收分光光度法。
EXK：交换性钾（cmol（+）/kg），醋酸铵浸提-火焰光度法。
EXNa：交换性钠（cmol（+）/kg），醋酸铵浸提-火焰光度法。

---

① 张甘霖，龚子同. 2012. 土壤调查实验室分析方法. 北京：科学出版社

EXH：交换性氢（cmol（+）/kg），氯化钾浸提滴定法（适用于酸性土壤）。

EXAl：交换性铝（cmol（+）/kg），氯化钾浸提滴定法（适用于酸性土壤）。

Fe_t：全铁（Fe_2O_3 g/kg），氢氟酸、高氯酸酸溶-邻菲罗啉比色法。

Fe_d：游离氧化铁（Fe_2O_3 g/kg），柠檬酸钠-连二亚硫酸钠-碳酸氢钠（DCB）浸提-邻菲罗啉比色法。

Fe_o：无定形氧化铁（Fe_2O_3 g/kg），酸性草酸铵浸提-邻菲罗啉比色法。

XRD：黏粒的黏土矿物组成，X射线衍射仪。

容重：环刀法。

颗粒组成及质地：吸管法或比重计法（如用激光粒度仪法测，则需要进行数据换算后，再确定质地）。

土壤电导率（替代总可溶性盐测定）：电导仪。

矿质全量的测定：氢氟酸-高氯酸熔融-ICP（可做部分重要样品）。

三、土壤原状样品的采集

土壤原状样品是指不破坏土壤原来结构状态的标本。其采集方法有：环刀法、蜡封土块法及莎纶树脂（聚偏氯乙烯纤维或其共聚物纤维的统称）包被法。前两种方法采的标本用于测定土壤容重、饱和持水量、孔隙度等物理特性；后一种方法采的标本可供测定线胀系数和持水差所用。

（一）环刀法

采用环刀法，步骤如下：

(1) 按剖面层次自上而下在每个发生层的中部采样。

(2) 先将土面铲平，将环刀托套在环刀无刃口的一端，环刀刃口朝下，可借助外力均衡地将环刀垂直压入土中，在土面刚触及环刀托顶部时，即停止下压环刀。

(3) 用剖面把环刀周围土壤轻轻挖去，并在环刀下方切断（切断面略高于环刀刃口）。取出环刀，刃口朝上，用刀削去多余的土壤，垫上滤纸并盖上环刀底盖，翻转环刀，卸下环刀托，用刀削平无刃口端的土壤面，盖上顶盖。

(4) 写完相应的标签后，置入密封塑料袋中。

(二) 定向原状标本

或称土壤微形态标本，它是指不破坏土壤原来结构状态，且标明有上下朝向的标本，这种标本专供微形态测定研究所用。采样时，先按土层选择代表性部位，用刀具在垂直切面上削出大小与采样盒相似的外突土块，然后套入可预先卸掉底盖的采样盒，再用刀具或锯条小心地切断土块与垂直切面的连接，取下装有标本的采样盒，用填充物塞满标本与采样盒内壁间的空隙，盖上底盖密封采样盒，并在其四周壁上表明上下朝向。采样过程中应避免挤压破坏土壤原来结构状态，不能用空盒倒扣压入土壤取样。松散的土样应盛在小烧杯中，并加盖棉花等遮盖物。采样盒分两种，大的为：8cm（长）×15cm（宽）×5cm（高）；小的为：6cm（长）×8cm（宽）×3.5cm（高）。

四、纸盒土样的采集

纸盒土样指采集于土层的代表性土块，可以是规则形状的（如立方体），也可以是相对不规则的自然土块。用于剖面土层的比对观察。

（一）材料和工具

纸质标本盒：

大盒每格的尺度为 7cm（长）×4.5cm（宽）×3cm（高）；

小盒每格的尺度为 4cm（长）×2.5～4cm（宽）×2cm（高）。

钢锯条：用来锯切样块至适宜尺度，以便装盒。

锋利小刀：用于削切湿润、黏紧而软的土壤。

剪刀：用于剪断根系，不致因牵拉而破坏土壤垒结。

（二）土壤样块部位的选择

按发生层选择代表该层特征的部位。

若某层具有明显不均质的形态特征时，则需要在该层具有不同形态特征的部位同时选择。

若某发生层较厚时，可在该层垂直方向上按性状分异取至少 2 个部位。

为了研究土层过渡或物质淋溶特征，可选择两个土层交界处。

较大的新生体，可专门仔细采集，以研究其内部微形态特征。

（三）样品采集

在选定的部位上按盒子大小划出轮廓，削去周围土壤，挖出样块。

用钢锯条或小刀除去大于盒格部分的土壤，剪除露出的根系，放入盒格内。注意保持每个格子中样品的上下方向，纸盒展示面与剖面观察面方向一致。

在盒格旁注明采样深度，并标明方位，样块周围出现的空隙用同一土层的土壤物填充。

注：十分松散的样品宜放入小型烧杯中，表面用软纸、棉花等填塞，以防运输过程中倾倒或震碎。

特别注意：切忌纸盒倒扣压入土中取样，这会破坏土壤结构，特别是靠近盒壁的土壤原状状态。

五、土壤整段模式标本的采集

准备工具

土坑挖掘的工具：锨、锹、镐、铲等工具。

土柱修整的工具：剖面刀、油漆刀、平头铲、木条尺、手锯、枝剪、石凿、绳子、宽布条、泡沫塑料"布"。

装标本的木盒或铁皮盒：100cm（内径高）×21.5cm（宽）×5cm（厚），其框架和后盖板用2cm厚木板制成，前盖板稍薄。前后盖板用螺钉固定在框架上，可随时卸离。

挖土坑：用锨、锹、镐、铲等工具在确定的位置挖土坑，为便于实地操作，所挖的土坑尺度应该比标准剖面稍大些。

修整剖面：先用平头铲将剖面表面略为修平，再用木条尺在表面反复摩擦。有尺痕处即为凸面，应用油漆刀铲去，如此反复，直至剖面表面修平。

修切土柱：用剖面刀在剖面上划出土柱尺寸，用油漆刀切去线外多余土壤，整修出与木盒内径相同的长方形土柱。在铲挖土柱两个侧面时，要用木条尺反复摩擦，多次修正，直至侧面光滑平整。

框套土柱：将土柱底部挖空，将木框架套入，用大剖面刀削平土柱，盖上后盖并用螺钉固定。同时用一棍杖顶住木盒，使勿倾倒。

分离土柱：自上而下小心在木盒两侧将土柱切出，可以用手锯将土柱从背面锯断。遇到植物根系要用修枝剪剪去。当上部部分土柱与坑壁分离后，即用10cm 宽的布带绕捆木盒和土柱以防土柱倒塌。当绕捆至土柱大半时，插入铁铲或撬棒，将土柱向后倾倒，抬出土坑，平放地面。

运输：解开布带，去除多余土壤。土柱与木盒间空隙处用柔软材料填塞。铺上塑料薄膜并将面板盖上，用螺钉固定。在木盒上写上标记后，用大块泡沫布包裹。外面用宽布带捆牢，即可运输至室内制作。

注：对于砂土、多砾石土壤、具硬磐的土壤和泥炭土等应小心谨慎操作。

参 考 文 献

龚子同，张甘霖，陈志诚，等. 2007. 土壤发生与系统分类. 北京：科学出版社.
克里斯·佩兰特. 2007. 岩石与矿物. 谷祖纲，李桂兰译. 北京：中国友谊出版社.
刘光崧. 1996. 中国生态系统研究网络观测与分析标准方法. 土壤理化分析与剖面描述. 北京：中国标准出版社.
全国土壤普查办公室. 1998. 中国土壤. 北京：中国农业出版社.
潘剑君. 2004. 土壤资源调查与评价. 北京：中国农业出版社.
赵其国，龚子同. 1989. 土壤地理研究法. 北京：科学出版社.
张甘霖，龚子同. 2012. 土壤调查实验室分析方法. 北京：科学出版社.
中国科学院南京土壤研究所土壤系统分类课题组，中国土壤系统分类课题研究协作组. 2001. 中国土壤系统分类检索（第三版）. 合肥：中国科学技术大学出版社.
Expert Committee on Soil Survey. The Canada Soil Information System（CanSIS）. Manual for Describing Soils in the Field（1982 Revised）.
FAO-UN. 2006. Guidelines for Soil Description. Fourth Edition.
National Soil Survey Center. NRCS-USDA，2012. Field Book for Describing and Sampling Soils，Version 3.0.
Soil Survey Staff. 1993. The Soil Survey Manual.
Soil Survey Staff. 1999. Soil Taxonomy，Second Edition.
Soil Survey Staff. 2014. Keys to Soil Taxonomy，Twelfth Edition.

注：本手册中一些术语和插图引自上述文献，不一一注明出处。

附录 1 土壤剖面描述记载表（1-1）

剖面编号：														日期：				天气 T2-2：	
地　点：																			
调查人/单位：																			
地形图：		航/卫片号：					坐标			纬度：		°	经度：		°		海拔：		m
地 形 图	月份	1	2	3	4	5	6	7	8	9	10	11	12	全年	土壤名称		野外命名	正式定名
天 气	气温（℃）															中国土壤系统分类			
	降水量（mm）															地方名称			
	蒸散量（mm）															ST			
冻 层	深度（cm）				时期：				持续天数：						FAO-Unesco			
土壤温 湿状况	土壤温度状况 T3-2：							土地 利用	利用类型 T3-15：						植被类型 T3-16：			
	土壤水分状况 T3-2：								植被覆盖度 T3-17：				%		人类影响 T3-18：			

附录1 土壤剖面描述记载表

续表

类别	项目	参数
地形地貌	地　势 T3-3:	
	大地形 T3-4:	
	中地形 T3-5:	
	小地形 T3-6:	
	微地形 T3-7:	
	特殊地形 T3-8:	
	部位 T3-9:	
	坡度 T3-10:	
	坡向 T3-11:	
	坡向 T3-12:	
地表特征	侵蚀	成因 T3-19:　　强度 T3-20:
		占地表面积 %　活动时间 T3-19:　平均间距 m
	岩石露头 T3-21	丰度（占地表面积）%
	地表粗碎块 T3-22	丰度（占地表面积）%　大小 cm
		间距 cm
	地表黏闭板结 T3-23	厚度 mm　　结持度:
		类型　　　　成　因:
	地表裂隙 T3-24	阔度 mm　长度 cm　大小 cm 连续性:
	地表盐斑 T3-25	丰度（占地表面积）%　厚度 mm　间距 mm
	排水等级 T3-26	外排水类型 T3-27:　内排水类型 T3-28:
水文状况	泛滥 T3-30	频率:　　持续时间:　　天　外排水式样 T3-29:
	渗透性或保水率 T3-31	
	地　下　水 T3-32	深度: m　　积水深度: cm
		水质:
母质	固结物质种类 T-13:	
	非固结物质种类 T-13:	
有效土层厚度 T3-14: cm		

剖面性态特征（2-1）

发生层			层次过渡 T4-5		土壤颜色		干湿状况 T4-6	根系 T4-7			细土质地 P23	孔隙 T4-9			
发生层符号	层次深度 /cm	采样深度 /cm	明显度	形状	干态	湿态		类型	粗细 /mm	丰度 /(条/dm²) N&C		孔隙度 /%	粗细 /mm	丰度 /(个/dm²)	类型	位置
										VF&F						

附录1 土壤剖面描述记载表

剖面性态特征（2-2）

发生层次	土壤结构 T4-10,11			土体内岩石和矿物碎屑 T4-12					结持性 T4-13				裂隙 T3-23		
	形态	大小	发育程度	丰度 /%	大小 /mm	形状	硬度	组成物质	风化状态	结持性（干）	结持性（湿）	黏着性（湿）	可塑性（湿）	宽度 /mm	长度 /cm	间距 /cm	连续性

剖面性态特征（2-3）

发生层次	斑纹 T4-14						胶膜 T4-15					新生体			矿质瘤状结核 T4-16			
	物质	丰度/%（体积分数）	大小/mm	位置	对比度		边界	物质	丰度（面积分数）/%	位置	对比度	物质	颜色	丰度/%（体积分数）	种类	大小/mm	形状	硬度

附录1 土壤剖面描述记载表

剖面性态特征（2-4）

发生层次	磐层胶结与紧实状况 T4-17			填充物 T4-18				侵入体 T4-19		滑擦面 T4-20	土壤动物 T4-21			土壤反应 T4-22				
	连续性	胶结程度	内部构造	物质	性质	分布	丰度/%（体积分数）	物质	丰度	面积/%	类型	丰度/个	粪便丰度	石灰反应	亚铁反应	盐化反应	酚酞反应	NaF反应

剖面形态示意及土壤自然状况（包括形成、分布、形态特点及利用改良意见等）综述

剖面示意图

剖面综述：

附录2 主要土纲发生层的符号表达

1 人为土纲

1.1 水耕人为土

耕作层，Ap1；犁底层，Ap2
为漂白层的B层，E；
具有潜育特征的B层，Bg；
铁渗淋亚层或其他类型的B层，Br

1.2 土垫旱耕人为土（塿土）

耕作层，Aup1；犁底层，Aup2
老熟化层，Aupb1、Aupb2…；老耕作淀积层，Bub
原褐土腐殖质层，2A
原褐土次生黏化层，2Btx
原褐土碳酸钙聚积层，2Bk
原褐土黄土母质，2C

1.3 灌淤旱耕人为土（灌淤土）

灌淤耕作层，只有一层的，Aup1；可分为两层的，Aup11、Aup12
灌淤犁底层，Aup2，不是灌淤犁底层，Au2
未出现灌淤犁底层的，Au2；出现灌淤犁底层的，Au3
灌淤耕作淀积层，Bup
灌淤斑纹层，Bur
有斑纹的原冲积母质层，2Cr
无斑纹的原冲积母质层，2C

2　干旱土纲

孔状结皮，Ac
片状层，Ad
紧实层，Bx；次生黏化层，Btx
钙积层，Bk；钙磐，Bkm；石膏层，By；石膏磐，Bym；盐积层，Bz；盐磐，Bzm

3　铁铝土、富铁土

腐殖质表层，Ah；耕作层 Ap1、Ap2
B 层，1）耕作淀积层，Bp；2）风化 B 层，Bw；3）黏化层，Bt 或 Bx；4）黏磐，Btm；5）网纹层，Bl
有网纹的母质层，Cl；无网纹的母质层，C
基岩，R

4　变性土纲

腐殖质表层 Ah；耕作层，Ap1、Ap2
有变性特征的 B 层，1）无斑纹、无砂姜，Bv1、Bv2…；2）有砂姜，Bkv1、Bkv2…（根据经验，一般情况下，有 r 的层次，由于土体潮湿，基本没有 v）
无变性特征的 B 层，1）有砂姜、无斑纹，Bk；2）有斑纹、无砂姜，Br；3）有斑纹和砂姜，Bkr
有斑纹、无砂姜的母质层，Cr；有砂姜、无斑纹的母质层，Ck；有斑纹和砂姜的母质层，Ckr

注意事项

（1）关于小写字母的排序

按决定亚类-土类-亚纲-土纲的顺序排，如砂姜钙积潮湿变性土亚类的 B 层，可用 Bkv 表示，k——钙积（砂姜钙积，亚类-土类），v——变性特征（土纲）。

（2）母岩或母质

下部为整块基岩（即为石质接触面或准石质接触面）、或为破碎的砾石但基本没有细土的，用 R 表示。

对同时含有土壤和岩石碎屑的层次，当细土体积≥50%，用 B 表示；细土体积介于 25%~50%，酌情用 BC 或 C 表示；细土体积<25%，酌情用 R 或 C 表示；保留了原有岩石结构的半风化体可用 R 表示。

（3）潜育特征

不采用潜育层术语，合理地表达为具有潜育特征的层，潜育层不用 G 表示，而是在该层符号后加 g 表示。

（4）水耕人为土的氧化还原层

漂白层，用 E 表示；具有潜育特征的，用 Bg 表示；铁渗淋亚层或其他情况，用 Br 表示。

（5）旱地耕作层

可分别用 Ap1、Ap2 表示，但如果 Ap2 符合了耕作淀积层条件，则用 Bp 表示。

（6）富铁土、铁铝土的 B 层

如果没有黏化层、氧化还原特征、耕淀层、网纹层等特征的，用 Bw1、Bw2 表示。

（7）关于碳酸盐聚积符号 k 的用法

第一种情况，野外没有观察到碳酸钙假菌丝体、或粉末或斑点、或砂姜，此时要严格按照检索第三版中的碳酸钙含量的规定，判断钙积层有无，如果有，加 k。

第二种情况，在未测定碳酸钙含量情况下，但是在野外观察到了假菌丝体、或粉末或斑点、或砂姜，可加 k。

（8）关于暗沃表层表达

第一种情况，如果是耕地，表层用 Ap 表示，之下的层次分别用 Ah2、Ah3…表示。

第二种情况，如果不是耕地，这依次用 Ah1、Ah2、Ah3…表示。

附录3 野外单个土体描述格式

一、位置与形态特征

位于广东省揭阳市普宁市流沙镇北山村牛帽山片；N 23°19′41″，E 116°11′57″，海拔 20m；宽谷，冲积物母质；种植双季稻或水旱轮作，50cm 深度土温 23.7℃。野外调查时间为 2011 年 11 月 23 日，编号 44-108。

典型景观

Ap1：0~19cm，灰黄色（2.5Y6/2，干），橄榄棕色（2.5Y4/3，润）；黏壤土，强度发育 5~10mm 的块状结构，疏松，多量水稻根系，土体中有 2~3 条蚯蚓；向下层平滑渐变过渡。

Ap2：19~37cm，淡黄色（2.5Y7/4，干），黄棕色（2.5Y5/4，润）；黏壤土，强度发育 10~20mm 的块状

结构，疏松，少量水稻根系，结构体表可见 10%左右铁锰斑纹，土体中有 3~4 个瓦片，1~2 条蚯蚓；向下层平滑渐变过渡。

Br1：37~55cm，淡黄色（2.5Y7/3，干），黄棕色（2.5Y5/6，润）；砂质黏壤土，中度发育 10~20mm 的块状结构，疏松，结构体表可见 15%左右铁锰斑纹，土体内有 5%左右直径 2~6mm 的铁锰结核；向下层平滑渐变过渡。

Br2：55~76cm，淡黄色（2.5Y7/3，干），亮黄棕色（2.5Y6/6，润）；黏壤土，中度发育 10~20mm 的块状结构，坚实，结构体表可见 10%左右铁锰斑纹，土体内有 15%左右直径 2~6mm 的铁锰结核；向下层平滑渐变过渡。

Bg：76~100cm，淡黄色（2.5Y7/3，干），亮黄棕色（2.5Y6/8，润）；砂质壤土，弱发育 10~20mm 的块状结构，疏松，轻度亚铁反应。

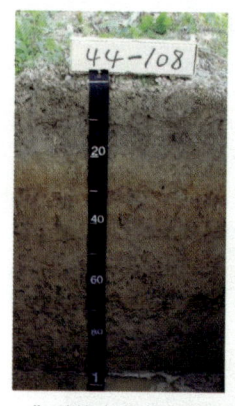

典型单个土体剖面

二、利用性能综述

土体深厚，耕层较厚耕性良好，适耕期长，保肥供肥性好，作物稳健，宜种性广复种指数高，多为粮食、经作和果树种植的重要土壤。精耕细作，土壤熟化程度与生产水平较高。但部分地区靠近河岸，洪水易淹浸，用地频繁，培肥不够，耕层养分有下降迹象。应完善农田基本设施，增强农田抗旱排涝能力，提高灌排效率；

增施有机肥，推广秸秆还田、冬种绿肥等，增加土壤有机质含量，培肥地力；实行水旱轮作、合理耕作，用地养地相结合，促进土壤熟化；测土平衡施肥，协调土壤氮、磷、钾等养分供应，提高肥料利用率。

注：①农作物的根系数量可以不需描述，但其他类型植物，如树、灌、草等根系数量需描述；②没有观察到的性状可以不描述。

定价：169.00 元